我是小科学家

发怒的火山与地震

魏辅文 主编　　智慧鸟 编绘

南京大学出版社

图书在版编目（CIP）数据

发怒的火山与地震 / 魏辅文主编；智慧鸟编绘.
南京：南京大学出版社，2025. 3. --（我是小科学家）.
ISBN 978-7-305-28623-0

Ⅰ．P317-49；P315-49

中国国家版本馆CIP数据核字第2024B0D595号

出版发行	南京大学出版社
社　　址	南京市汉口路22号
邮　　编	210093
项目人	石　磊
策　　划	刘雪莹
丛 书 名	我是小科学家 FANU DE HUOSHAN YU DIZHEN
书　　名	发怒的火山与地震
主　　编	魏辅文
编　　绘	智慧鸟
责任编辑	巩奚若
印　　刷	南京凯德印刷有限公司
开　　本	787 mm×1092 mm 1/16开　印 张 9 字 数 100千
版　　次	2025年3月第1版
印　　次	2025年3月第1次印刷
ISBN	978-7-305-28623-0
定　　价	38.00元

网址 http://www.njupco.com
官方微博 http://weibo.com/njupco
官方微信 njupress
销售咨询热线 （025）83594756

目 录

火山是有火的山吗？／1

火山是怎样形成的呢？／4

根据山体形态，火山分为哪些类型呢？／6

火山都一样活跃吗？／8

什么是岩浆？／10

岩浆都有哪些种类？／14

什么是火山喷发？／16

火山喷发有哪些类型？／18

什么是中心式喷发？／21

什么是裂隙式喷发？／24

火山喷发时怎么还有气体爆炸？／26

火山喷发物都有什么？／29

火山灰是灰吗？／32

什么是熔岩？／34

火山泥流是怎么回事？／36

目 录

火山喷发前有哪些征兆呢？ / 38

火山喷发时该如何逃生呢？ / 41

火山喷发会影响到地形吗？ / 43

火山喷发和岩石有什么关系吗？ / 44

火山喷发还会影响气候吗？ / 46

火山喷发会带来什么影响呢？ / 47

火山真的会造就奇观吗？ / 50

海中也有火山吗？ / 52

海水会不会把喷发的海底火山扑灭？ / 54

火山喷发能不能被预测呢？ / 56

地震会催化火山喷发吗？ / 57

月球上也有火山吗？ / 59

目 录

什么是火山口？ / 60
火山口怎么还有"地下森林"呢？ / 63
火山喷发也会带来好处吗？ / 66
为什么日本的火山那么多呢？ / 69
你知道维苏威火山吗？ / 71
夏威夷火山是什么样子的？ / 74
科学家是怎么推算出古代火山喷发的时间的？ / 76

你知道圣海伦斯火山吗？ / 78
阿苏山和火山也有关系吗？ / 80
你知道还有一种泥火山吗？ / 82
如此坚实的大地怎么还会震颤呢？ / 88
什么是地震？ / 90
地震有哪些类型？ / 92

目 录

什么是震源？ / 94

什么是震级？ / 97

什么是P波和S波？ / 99

什么是烈度？ / 101

为什么地震后还会出现余震呢？ / 104

板块构造和地震有什么关系呢？ / 106

地震时会发生什么？ / 108

地震来临前都有什么征兆呢？ / 110

地震勘探是怎么回事？ / 115

地震来临时如何自救？ / 118

地震的危害有哪些呢？ / 131

地震是怎样被预测的？ / 134

火山是有火的山吗?

如果让你们解释一下"火山"的话,相信你们一定会说,火山就是有火的山呗!真是这样的吗?

火山的英语单词是 volcano(音译为武尔卡诺)。传说在古罗马时期,人们看见了火山喷发的现象,他们认为火神武尔卡诺发怒了,所以就燃烧了这座山。位于意大利南部地中海利帕里群岛中的武尔卡诺火山就是由此而得名的。

火山一定是燃烧的吗?不是的。虽然我们的眼睛能看到火山正在喷烟吐火,但是那不是山在燃烧,只是高热的岩浆从地底冲出而形成的现象。

在从火山中喷发出的岩浆里，包含很多气体和水分，当岩浆冲出地面时，气体和水蒸气就会从岩浆里分离出来，直上高空，形成烟云，而熔岩的温度很高，就像沸腾的铁水一样，在晚上的时候能看到它映红烟云。虽然我们看到熊熊的火光在腾空而起，但是它并不是燃烧产生的火。

　　火山不仅没有火，而且它还不一定是山呢。火山的"山"是由地下喷出的碎屑和熔岩堆积而成的，越是靠近喷发口，堆得就越多，最后就形成一座中央高四周低的锥形山峰，形状像一只倒扣的漏斗。日本的富士山、我国大同附近的火山，大体上也都拥有圆锥般的外形。所以，它只是外观的形状和山的形状比较相似，并不是真正的山！更加神奇的是，火山的形状还会发生变化呢！当火山没有喷发时，熔岩会从火山口流出来，向四周流淌，进而形成一个像盾牌一

让我瞧瞧火山是什么样子的?

样平缓的高地。而熔岩如果太黏稠的话,就会在喷发口聚集,形成一个奇形怪状的高地。火山会受到风、水、阳光等自然力不断的破坏,时间一长,慢慢地就改变了原来的形状,最后会完全失去山的外形。

但是,并不是所有的火山都是这样的!有一种火山,它喷发后还没来得及堆成山就停止了活动,只在地上挤开了一个大坑,如果坑中有了水,就会形成一个湖。爪哇岛上的卡瓦伊真火山就是这种火山。

看了上面的介绍,你们知道"火山就是有火的山"这种说法肯定是不正确的。现在,你们可以既准确又详细地把"火山"这个名称的由来介绍给爸爸妈妈和小伙伴了吧!

火山是怎样形成的呢？

大家是不是都认为地球就是一个坚硬而且冰冷的球体呀？那你们就大错特错了，这只是地球的外壳，我们称它为地壳（qiào），就好像是鸡蛋的蛋壳。其实地球还有一颗火热的"心"呢！

从地表向下，温度会越来越高，在距离地面大约32千米的深处，温度可达6000摄氏度。在这样的温度下，大部分的岩石都会熔化。

在地底下，岩石熔化的时候会膨胀，所以就需要一个更大的空间。在地球上有些地区，山脉隆起时，下面的压力会变小，所以就形成了一个熔岩（也叫"岩浆"）库。聚集在一起的岩浆不"安分守己"，它们随时都在寻找"挣脱束缚"的机会。因此，一旦有隙可乘，这些家伙就会沿着因隆起而造成的裂痕上升。如果熔岩库里的压力大于它上面的岩石顶盖的压力的话，熔岩就会挣脱束缚向外迸发，形成一座火山。

火山原来是地球发怒了！

到了火山喷发的时候,炽热的物质就会在开口周围聚集,这样就形成了一座锥形山头。而锥形顶部的凹陷就是"火山口",从火山口到地表是畅通的,没有任何阻碍。

火山喷出的物质主要是混合气体,但是火山岩等固体物质也会随之喷涌出来。我们所说的火山岩,其实就是火山喷发出来的岩浆,只是当岩浆上升到接近地表处时,温度和压力就开始下降,快要到达地表时,它们会发生物理和化学变化,岩浆会凝固,从而变成火山岩。

这就是神奇的火山形成的过程了。

火山的主要形态有两种：一种是广阔的圆丘形盾状火山，一种是山坡陡峭呈锥形的成层火山。

盾状火山由多层流动性很高的熔岩堆积而成，因为熔岩硬化之前可以流淌很远，所以就会形成一座圆丘形的山体，像倒扣的碟子一样。虽然盾状火山的山坡比较平缓，但是，火山本身是非常巨大的，美国夏威夷的茂纳凯亚火山就是这种形态的火山。如果从它位于水下的山脚开始计算，它的高度将超过9000多米。

成层火山的形成过程就比较复杂了，它是由火山不断地喷发循环形成的。火山口交替喷出熔岩、火山灰和其他固体物质，就会形成一层熔岩、一层岩屑的陡峭山坡，有点像我们吃的三明治。有时熔岩还会从侧面的火山口喷出来，这样就会在山坡上形成一个小的火山锥（科学上称它为寄生火山锥）。但有些成层火山的山坡上，并没有寄生火山锥来破坏外表美丽的景色，像日本的富士山，就是因为完美对称的山形而闻名全世界的。

火山都一样活跃吗？

从书本上、电视上和其他媒体上的火山图片上看，你是不是觉得所有的火山都是一样的呢？根据科学家们仔细研究，火山也是有不同种类的！根据火山活跃程度的不同可以把它们分为活火山、死火山和休眠火山三类。那么这三类火山的区别到底在哪里呢？我们一起来看一下吧！

活火山，当然是指经常活动的火山啦！科学家把在固定周期内会喷发的火山也归纳到这一类当中。坦博拉火山、富士山和夏威夷群岛上的基拉韦厄火山，都是典型的活火山。

死火山的概念也不难理解，它们是很久以前可能有过活动，但从古至今却没人看到过它的喷发，也没有相应的记载的火山。即使是这样，大部分死火山还保持着基本的火山形态。可惜有的死火山在遭受长期的风化侵蚀后，只剩下残缺不全的火山遗迹了。所以科学家认为这种火山失去了活动能力，已经死亡了。在我国的1000多座火山当中绝大多数都是死火山。

长白山天池

那休眠火山是什么样的火山呢？是睡着了的火山吗？它还会醒来吗？休眠火山是有过活动记载的，也就是说有人看到过它的喷发，但它可能是累了，后来就再也没有活动过了。我国吉林省东南中朝边境上的长白山就属于这种类型的火山。休眠火山一般都保持着比较完好的火山锥形态，科学家猜测它可能仍具有火山的活动能力，也可能是他们还不能断定它是不是已经丧失了火山的活动能力。休眠火山是最危险的一种火山。动物冬眠之后我们可以确定它在春天暖和起来之后，就又会出来活动，但是我们不知道休眠火山什么时候会"醒来"，然后一怒喷发，突然变成一座活火山。

下次再看到火山的时候，你们也可以仔细观察、查看资料，对火山进行分类啦！

什么是岩浆？

当因为咳嗽去医院就诊时，医生会推荐我们喝止咳糖浆；当路过街边小摊时，我们有时候会看到小贩正通过灵巧的双手用现做的麦芽糖浆绘制各种图案……糖浆在我们的生活中是随处可见的，而且你也能做哦！不如跟着我一起来试试看吧！拿一颗糖，放在一个空碗里，再倒一杯刚烧开的白开水，从杯中倒入适量的水在碗里，等糖溶化数十秒之后，用筷子把糖捣碎，一边继续加入少量的开水，一边用力搅拌，几分钟后，一小堆糖浆就出现了。

我做出糖浆啦！

糖可以在高温下变成糖浆,岩石在6000多摄氏度的地表深处,也是处于熔化状态的,所以人们把这种状态下的岩石叫作岩浆。岩浆也有它特殊的成分——硅酸盐熔融体。这种熔融体既像是固体,又像是液体,就像烧热的玻璃那样,既可以流动弯曲,但又十分坚硬致密。

在希腊文中,岩浆原来的意思是可以揉搓的"面团"。但是这种面团不像我们蒸馒头用的那种面团,在这种特殊的"面团"里,包含着很多金属、非金属以及其他的气体成分。它就像一个聚宝盆,因为地球上所有的化学元素基本上都能在岩浆里找到。希腊人眼中这种特殊的"面团"可不是在面板和蒸锅里活动的哦,它主要的活动范围是距地表几百千米的上地幔层内。

岩浆原来是一种很有"活力"的物质,但是因为受到上面覆盖着的岩层的沉重压力,于是处于一种强烈的压缩状态,所以就不能像液体那样自由地流动了。但是地壳里的压力是有差别的,岩浆又可以像人体内的血液一样,在地球内部缓慢地上下流动。所以如果地壳出现了裂缝,岩浆就会沿着裂缝猛烈地喷发出来,于是我们就看到了火山喷发。

在地心深处的岩浆温度高达几千摄氏度，当岩浆逐渐接近地表时，它的温度会渐渐下降，但刚冲出地表的岩浆，温度仍然在700～1200℃，火红而炽热。有一种类型的岩浆，叫作基性玄武岩浆，温度甚至高达1300℃呢。因此，当它们冲出地表，与空气相遇时，一片火海也就诞生了。这种滚烫的岩浆随着温度的降低而冷却凝固后，就会形成各种各样的火山熔岩，如玄武岩、安山岩、流纹岩等。

并不是所有的岩浆都是冲出地表以后才能冷却凝固，也有部分岩浆在没有冲出地表之前，就已经在地壳的不同深度处冷却凝固了，这样形成的各种火山熔岩被称为侵入岩，如花岗岩、橄榄岩、闪长岩等。

岩浆都有哪些种类？

我们知道，火山是有不同的类型的，那它和岩浆之间是不是有关系的呢？

根据研究，科学家们认为岩浆可以分为原生岩浆和再生岩浆两种。

原生岩浆是地核俘获的熔融物质形成的。这些物质的成分是不均匀的，它们凝固后就形成了最原始的地球外壳。

另一种岩浆是再生岩浆。我们现在看到的超基性岩、基性岩、中性岩、酸性岩和碱性岩等各类侵入岩

岩浆喷射出来了！

以及火山喷发出的各类岩浆都属于再生岩浆,但是它们的来源深度、通道物质成分及变异的程度都有所不同。

再生岩浆又可分为原生岩浆变异出来的岩浆和重熔岩浆两种。

现在地球的液态层是由原生岩浆经过变异形成的再生岩浆组成的,即由原生岩浆经过温度、成分和物态的改变而形成的。

什么是火山喷发?

我们或许见过自来水从破裂的水管中喷涌而出的情景,那么,你见过火山喷发的情景吗?

其实,火山喷发就是岩浆等喷出物从火山口向地表释放的过程。因为岩浆中含有大量的容易挥发的成分,但是又受到上面覆盖着的岩层的沉重压力,所以这些挥发成分就会溶解在岩浆当中。当岩浆顺着地壳裂隙不断上升,越来越靠近地表,压力会逐步减小,挥发成分也会被释放出来,于是就形成了火山喷发。(火山喷发是一种奇特的现象!)

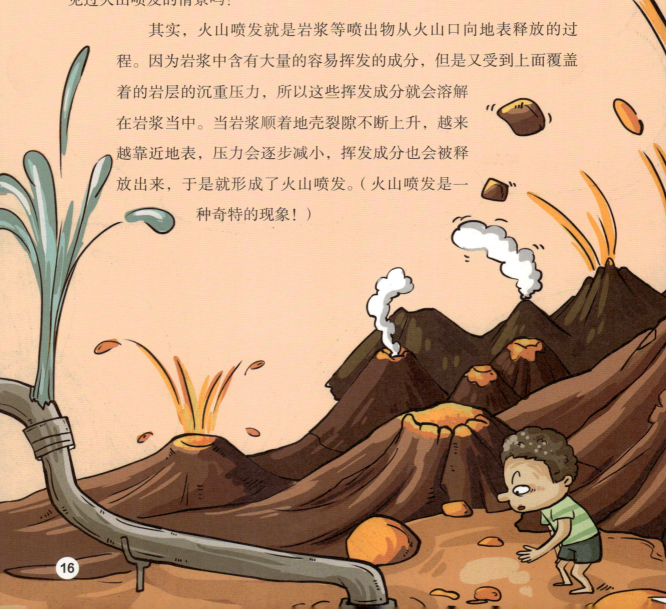

但是，我们可不能随意地去近距离观察火山喷发时的壮观景象，因为火山喷发有很强的危害性。根据统计，公元1000年以来，火山喷发造成的死亡人数在全球已经达到几十万了。

火山喷发时，它喷出来的都有些什么东西？如果你认为火山喷出的仅仅是岩浆，那就太小看它了！火山活动时喷出物的种类很多，在这些喷出物当中，有碎岩块、碎屑和火山灰，还有熔岩流、水、泥流等。而喷出的气体是水蒸气和碳、氢、氮、氟、硫等的氧化物。更神奇的是，火山还可以喷射出一些可见或不可见的光、电、磁、声等。你们可别小看这些看似平常的物质，它可以让电子仪表等设施失灵，也可能会造成飞机、轮船失事，更严重的还会置人于死地。

火山喷发有哪些类型？

你们不要觉得所有火山喷发时都是一样的，其实它有多种多样的类型呢！在火山喷发时，熔岩（地表下面的岩浆）从火山口喷射出来，这是最常见的一种火山喷发的类型。一说起火山喷发，那种喷发时的情景可能会立刻在你的脑海中浮现。这种喷发型的火山的喷发威力非常大，火山灰和火山气体中都带有一些熔岩的碎片，当火山喷发时，这些物质以雷霆万钧的气势从火山口猛烈地喷射出来。

基拉韦厄火山

另外一种比较"柔和的"的火山喷发的类型叫作流动喷发,它是一种比较平静的火山喷发。这种火山在喷发时,只有像钢水一样红彤彤的液态玄武熔岩源源不断地流出来,它流动的速度跟我们行走的速度差不多。这种流动喷发中通常只有火山的气体,没有火山灰。美国夏威夷基拉韦厄火山的喷发就属于这种类型。

不同类型的火山喷发是有很大差别的,因为熔岩性质、岩浆性质不同,地下岩浆库内压力、火山通道形状、火山喷发环境(陆上或水下)等也不一样,而火山喷发时的强弱又与这些息息相关。

从火山喷发点的位置来看,火山喷发可以分为裂隙式喷发和中心式喷发。火山喷发的时间也有很大的差别,短的只有几小时,长的可达上千年。

科学家根据不同的标准为火山命名,有的用火山喷发的形式命名,有的用喷发物形成的形态命名,有的以火山所在地的地名命名。

什么是中心式喷发？

我们在数学课上学过，直线上一点和它的一侧的部分叫作射线，还记得吗？如果让你在生活中找找射线，你都能找出哪些呢？今天，我来告诉你一个新的例子吧！火山的中心式喷发就是由很多条射线组成的。为什么这么说呢？我们先来了解一下什么是火山的中心式喷发吧！

地下的岩浆通过管状的火山通道喷出地表，科学家称它为中心式喷发。现在火山活动最主要的形式就是中心式喷发。这种喷发方式又可以分为三种类型：

(1) 宁静式：从这个词语上我们就能大致地知道，这种方式是指火山在喷发时，大量炽热的熔岩从火山口宁静地溢出，就像煮沸的米汤从锅里溢出来一样，然后顺着山坡缓缓地流动。这些溢出来的岩浆的特点是温度较高、黏度小、容易流动。通常这种喷发所含的气体比较少，也没有爆炸现象发生。美国夏威夷的火山就是最典型的代表，所以这种宁静的中心式喷发又叫作夏威夷型喷发。当这种火山喷发发生时，我们可以尽情地欣赏，因为它没有太大的危险。

(2) 爆裂式：就像我们平时在电视里看到的猛烈爆炸的场景一样，这种喷发过程中会喷射出大量的气体和火山碎屑物质。1902年12月16日，西印度群岛的培雷火山喷发，震惊了整个世界。它喷出的岩浆非常黏稠，里面含有大量浮石和炽热的火山灰。这次火山喷发，一共造成了超过26000人丧生，所以，科学家把这种喷发也叫作培雷型喷发。

(3) 中间式：它属于宁静式和爆裂式喷发之间的类型，因为这种喷发即使含有爆炸，它的威力也不大。而且它可以持续几个月，甚至可能持续几年，有时它也会休息一段时间后再次喷发。靠近意大利西海岸利帕里群岛上的斯特朗博得火山，就是以这

这是中间式喷发。

种方式喷发的火山。这座火山每隔2～3分钟就会喷发一次，如果是在晚上，在50千米以外都可以看见火山喷发的光焰，所以它也被称为"地中海灯塔"。这种类型的火山喷发又被叫作斯特朗博得型喷发。有机会，可以去我国黑龙江省，看看那里的五大连池，那里就有这种中间式喷发火山。五大连池至今经历了7次火山喷发呢！

这是爆烈式喷发。

什么是裂隙式喷发?

　　裂隙式喷发的火山里的岩浆只要有一点点缝隙,就会马上往外钻!所以,科学家把这种类型叫作裂隙式喷发。这种类型的喷发是指岩浆从地面上延伸较长的裂隙中喷出来的现象。它不像中心式喷发一样有猛烈的爆炸现象,而是随着温度的降低,岩浆就冷却凝固,并覆盖在了地表上。

　　每种喷发类型都有属于自己的特点,而裂隙式喷发的特点是熔岩量多、流动性强、喷发性的活动少。这种火山有些过去分布在我国的四川、云南、贵州三省交界的地方。在陆地上,现在只有在冰岛可以看见这种类型的火山喷发活动,所以这种喷发方式也叫作冰岛型喷发。

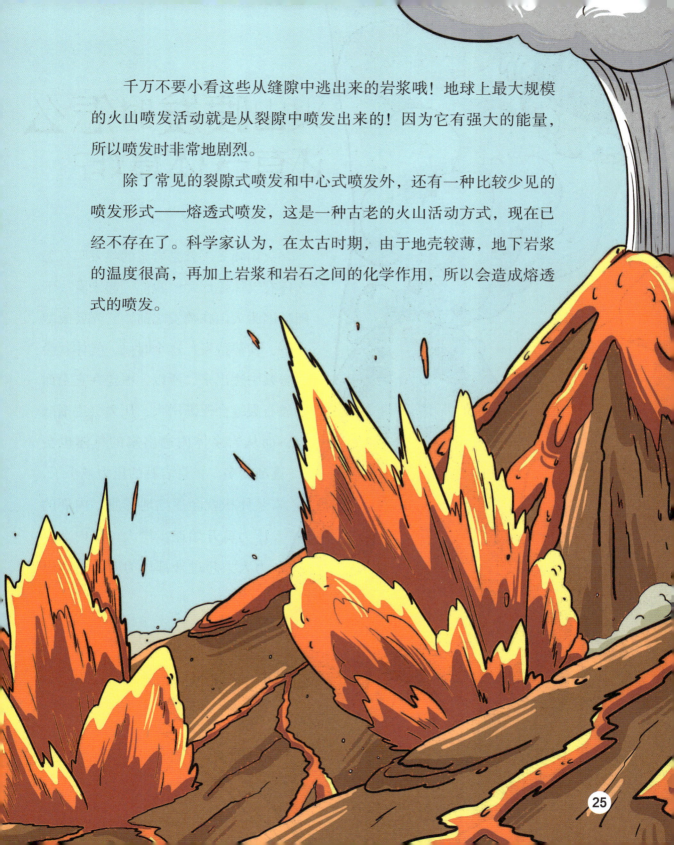

千万不要小看这些从缝隙中逃出来的岩浆哦！地球上最大规模的火山喷发活动就是从裂隙中喷发出来的！因为它有强大的能量，所以喷发时非常地剧烈。

除了常见的裂隙式喷发和中心式喷发外，还有一种比较少见的喷发形式——熔透式喷发，这是一种古老的火山活动方式，现在已经不存在了。科学家认为，在太古时期，由于地壳较薄，地下岩浆的温度很高，再加上岩浆和岩石之间的化学作用，所以会造成熔透式的喷发。

火山喷发时怎么还有气体爆炸?

火山喷发不就是岩浆的喷发吗,怎么还有气体爆炸呢?我们一起来看一下吧!因为火山在喷发之前,它先要酝酿一下,蓄势待发!这个时候,气体就会从岩浆中逃出来,所以,覆盖在它上面的岩石裂缝会逐渐增大,压力会逐渐减小,而从岩浆体内逃出来的气体也会逐渐变多。来自岩石的压力减小了,岩浆体积就会逐渐地膨胀,内部的压力就开始逐步增大。当内部压力大大超过外部压力时,气体爆

炸就发生了，于是岩石破碎，打开火山喷发的通道。首先是碎块被喷出，然后才是我们看到的岩浆的猛烈喷发。

那么喷发柱又是怎么回事呢？

你知道龙卷风吗？当它卷成一团时，就好像一根柱子直冲天空。火山喷发也会形成这样的"天柱"！你知道为什么吗？因为在火山喷发时，气体发生爆炸后，就会用很大的冲击力把通道内的岩石碎块和岩浆喷向高空，这样就会形成一个高大的喷发柱。这就像我们灭火用的消防栓一样，如果消防栓的水管破裂了，在破裂的地方就会形成一个几米高的水柱。这种"天柱"由三个部分组成：

第一个是气冲区，它在喷发柱的最下面，因为气体从火山口冲出时的速度和力量都很大，所以它会被抛到高空中。当它喷出地表冲向高空时，由于大气的压力和喷气能量的消耗，速度会慢慢降低，被气体冲击到高空的碎石块也会纷纷从高空落下来。

接下来就是对流区。它在气冲区的上面，因为喷发柱的速度在逐步减慢，气柱中的气体不断向外扩散，所以大气中的气体就会不断地加入，这样就形成了喷发柱内外气体的对流，因此科学家叫它对流区。对流区气柱的高度比较高，大约是整个喷发柱总高度的7/10。

最后一个是扩散区。扩散区在喷发柱的最上面，这个区的喷发柱与高空大气的压力是基本平衡的。喷发柱不断上升，柱内的气体和密度小的物质就都沿着水平方向向外扩散了，所以叫它扩散区。有些火山灰就这样进入了高空中，形成了火山灰云，火山灰云可以长时间地飘在空中，它会给气候带来很大的影响，甚至可能会造成灾害。

这下，你终于认识了这根神奇的"天柱"了吧！

喷得好高啊！

火山喷发物都有什么？

火山喷发时，那些喷射出来的东西都是些什么呢，难道就是一团熊熊烈火吗？你是不是很好奇？那我们就赶紧去看看吧！火山喷发时，会从喷火口喷射出很多东西，火山气体、熔岩、火山碎屑物等等，科学家们把这些物质合称为"火山喷发物"。下面，我们来一一了解一下这些物质吧！

火山气体，当然就是从火山中喷发出来的气体啦！它的主要成分是水蒸气、二氧化碳。火山气体还含有一氧化碳、三氧化硫、氯化氢等成分，这些成分有一个共同的特征，那就是人或动物吸入后，会感觉呼吸困难，对人类和动物都是有害的，严重的话可能会让我们失去生命。如果把这几种气体混合，对植物的危害也是非常巨大的。

熔岩是从火山口喷出的非常炽热的液体，其实它就是从地表喷出，散发了火山气体之后的岩浆。当它接近地表时，其温度会逐渐降低，所以在地表流淌一段时间后，熔岩会逐渐凝固。在美国夏威夷火山活跃的区域，由于熔岩固化形成的岩石随处可见。

火山不喷火，喷出来的都是什么啊？

　　火山碎屑，顾名思义就是从火山口喷出的固体物质了，它包括火山灰、火山砾、火山弹和火山岩。那么我们怎么区分这几种东西呢？其实很简单，就是看它们的直径或体积。

　　如果直径小于2毫米，就是火山灰，它们随着火山气体喷出后，可以飘散得很远，甚至可以停留在高空形成火山灰云；直径在2~64毫米的火山碎屑就是火山砾；直径在64毫米以上的圆形或椭圆形块状物叫作火山弹；如果是体积比火山弹还大的块状物，那就是火山岩了。

　　火山喷发时，喷发出来的可不是熊熊烈火，而是这么多不同种类的固体、液体、气体！

火山灰是灰吗？

火山灰，是大火把山烧掉留下来的灰烬吗？不！不！不！其实，火山灰和火山的名字一样，都有点名不副实。就像火山既没有火，也不一定是山，火山灰其实并不是灰，而是直径小于2毫米的碎石、矿物晶体或火山玻璃。

火山灰最大的特点是具有刺激性。它虽然看上去很轻，但是很多火山灰积聚在一起也会压塌屋顶。

火山灰就像恶魔一样，会危害到我们的世界。它会使庄稼无法生长，也会导致交通

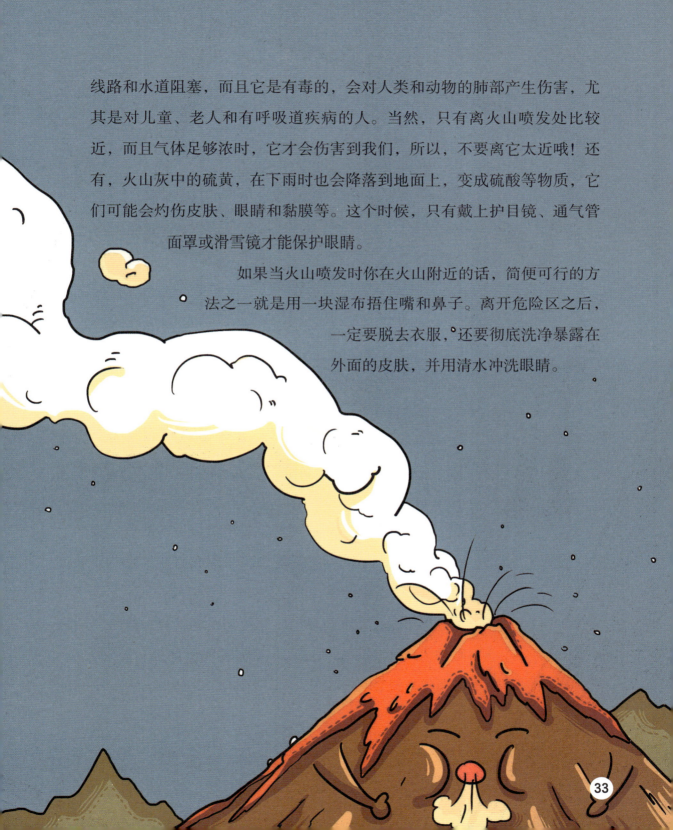

线路和水道阻塞,而且它是有毒的,会对人类和动物的肺部产生伤害,尤其是对儿童、老人和有呼吸道疾病的人。当然,只有离火山喷发处比较近,而且气体足够浓时,它才会伤害到我们,所以,不要离它太近哦!还有,火山灰中的硫黄,在下雨时也会降落到地面上,变成硫酸等物质,它们可能会灼伤皮肤、眼睛和黏膜等。这个时候,只有戴上护目镜、通气管面罩或滑雪镜才能保护眼睛。

如果当火山喷发时你在火山附近的话,简便可行的方法之一就是用一块湿布捂住嘴和鼻子。离开危险区之后,一定要脱去衣服,还要彻底洗净暴露在外面的皮肤,并用清水冲洗眼睛。

在地上流动的就是熔岩。

什么是熔岩？

从字面上看，熔岩无非就是熔化掉了的岩石。其实，熔岩是从火山口或裂缝中喷溢出的高温岩浆在冷却凝固后形成的岩石。那它都有些什么特点呢？

当熔岩在地表流动时，它流动的速度和它的黏性有很大的关系，黏性越大，流淌就越不顺畅，反之，流淌起来就会顺畅许多。

黏性不同的熔岩，固化后产生的岩石也会不同。黏性小的熔岩会凝固成玄武岩，而黏性大的熔岩则会凝固成流纹岩。在很多流纹岩上，我们甚至可以清楚地看到熔岩流淌的痕迹呢！如果你之前没有留意的话，下次可要认真观察了。

黏性小的熔岩流动一般比较平缓，相反，黏性大的熔岩流动时倾斜度则很大。所以，黏性的大小是决定熔岩活动状态的关键。

火山泥流是怎么回事？

火山泥流是什么？我们在看新闻时可能会看到暴雨会引发泥石流，但火山既没有火，也不是山，怎么它里面居然还会有泥流？到底是怎么回事？我们来一探究竟吧！

前面我们已经知道了火山喷发的真面目——就是把岩浆等喷出物从火山口向地表释放的过程。当火山喷发时，温度很高的岩浆融化了火山周围的冰雪，就会引发冰灾。同样的，如果火山的附近有泥土，则会形成泥流，就是我们所说的火山泥流了。

火山泥流的移动速度非常惊人，最高可以达到每小时 100 千米，就和我国高速公路上行驶的汽车差不多。

1985 年，哥伦比亚就发生过火山泥流的惨剧。在狭窄的山谷里，火山泥流的高度有 30 米，差不多有 10 层楼那么高，在主火山喷发后很长一段时间里带来了很多危险。

喷发的火山不但会引起火山泥流，即便在火山处于休眠状态时，它产生的热量也可能引起冰雪融化，因此会存在潜在的危险。

现在你知道火山泥流是怎么回事了吧！

火山喷发前有哪些征兆呢?

任何自然现象在发生之前,我们周围的环境都会出现一些非同寻常的"举动"。小到下雨前,会出现蜻蜓、燕子低飞现象;大到地震前,出现老鼠搬家、牛羊不进圈等现象。火山喷发也不例外,那么大自然是怎么告诉我们火山将要喷发的呢?

火山喷发的力量非常惊人,十分可怕,但是通过科学家的不断总结,发现它在喷发之前还是会出现一些征兆的:

1. 火山的活动量不断地增加。

2. 喷发前会出现刺激性酸雨和很大的隆隆声。

3. 火山上会冒出缕缕蒸汽。

4. 火山附近的河流会散发出硫黄的味道。

5. 小动物（如猪、狗、猫及家禽等）会出现烦躁不安的状态。

6. 海洋的盐度会发生改变，鱼儿的游动方向与平时相比也会比较特别。

火山喷发时该如何逃生呢?

休眠火山是非常危险的,因为它随时都有喷发的可能。那么,如果我们去参观火山时,遇到了火山喷发,该怎么保护自己呢?

面对火山喷发的强大威力,大多数人只能采取躲避的办法。针对火山不同的喷发形式,我们可以采取不同的方法去躲避:

1. 应对熔岩危害:在火山的各种危害中,熔岩流因为流动速度比较慢,对生命的威胁较小,因此人们有足够的时间跑离熔岩流的路线。

2. 应对喷射物危害:当你从靠近火山喷发处逃离时,就需要注意从空中落下来的物质,最好能戴上头盔,建筑工人使用的那种坚硬的头盔、摩托车手头盔或骑马者头盔都可以。这个时候,头盔能保护你的头部。

3. 应对火山灰危害:火山灰的危害比较大,碰到这种情况,我们要戴上护目镜、通气管面罩或滑雪镜来保护眼睛,我们平时戴的太阳镜和近视镜是不行的。此外,你还需要用一块湿布捂住嘴和鼻子,就像平时进行火

灾逃生训练一样，当然，如果可以的话，最好是使用工业防毒面具。等到了安全场所后，要立刻脱去衣服，彻底洗净暴露在外的皮肤，而且用清水冲洗眼睛。

4.应对气体球状物危害：对于气体球状物，你需要采取特殊的保护办法，如果附近没有坚实的地下建筑物，你唯一的存活方法就是迅速跳入水中。在球状物到来之际潜入水下，屏住呼吸半分钟左右，等球状物过后去再浮出水面。

如果是驾车逃离，一定要记住，火山灰可使路面打滑。此外，不要走峡谷路线，因为它可能会变成火山泥流的通路。

当然，因为我们已经知道火山喷发的征兆了，所以，当看到这些情况出现时，我们要快速地撤离火山或火山附近。

火山喷发会影响到地形吗?

当岩浆喷出地表时,通常情况下,会使地形发生很大变化。因为火山喷发时,熔岩和碎屑等物质会不断地喷发堆积,形成火山体,所以,地貌就发生了变化。有时火山喷发还会引起地陷或者裂缝。如果是冰雪覆盖的地区,地形的变化会更大。

我们熟知的温泉,其实有些就是地下水被岩浆等热源加热后涌出地面而形成的。

好舒服啊!

火山喷发和岩石有什么关系吗?

火山喷发的岩浆凝固会形成岩石,所以,火山喷发和岩石有着密不可分的关系,它们就像是形影不离的好朋友。

刚流出地表的岩浆,就像刚刚出炉的钢水一样,火红而炽热。岩浆的温度一般为700~1200℃,最高可达1300℃。它流到哪里,哪里就成了一片火海，远远望去，就像是一条火红的铁流。当它冷却凝固后，就会形成各种各样的火山熔岩，如玄武岩、安山岩、流纹岩等等。

火山猛烈喷发后，会有很多的碎屑被喷出，它们冷却凝固后就形成了碎屑岩。甚至有的岩浆还没有冲出地表，就在地壳的不同深度冷却凝固了，形成各种侵入岩，如花岗岩、橄榄岩、闪长岩等，我们把它们也叫作深成岩。

熔岩凝固后形成的大部分岩石是玄武岩，如果你仔细观察，会在很多玄武岩上发现许多因为火山气体而形成的小孔。

火山喷发还会影响气候吗？

火山的威力可真不小啊！它不仅能危害到人类，还会影响到气候。

通常情况下，火山喷发会使气候变冷，而这一现象的罪魁祸首就是火山灰。当火山灰进入大气层之后，它的厚度可以达到3000米，甚至可能在大气层的对流层、平流层里游荡一两年，这就会使该地区的太阳辐射减少。而火山尘又容易形成雨，因此，每当火山喷发时，一些地方就会出现气温偏低的现象。

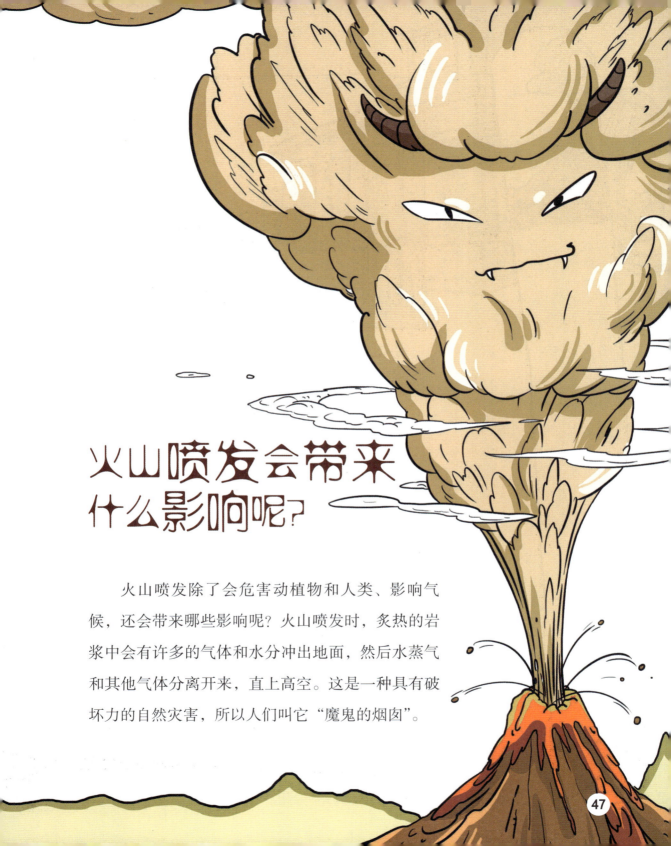

火山喷发会带来什么影响呢?

火山喷发除了会危害动植物和人类、影响气候,还会带来哪些影响呢?火山喷发时,炙热的岩浆中会有许多的气体和水分冲出地面,然后水蒸气和其他气体分离开来,直上高空。这是一种具有破坏力的自然灾害,所以人们叫它"魔鬼的烟囱"。

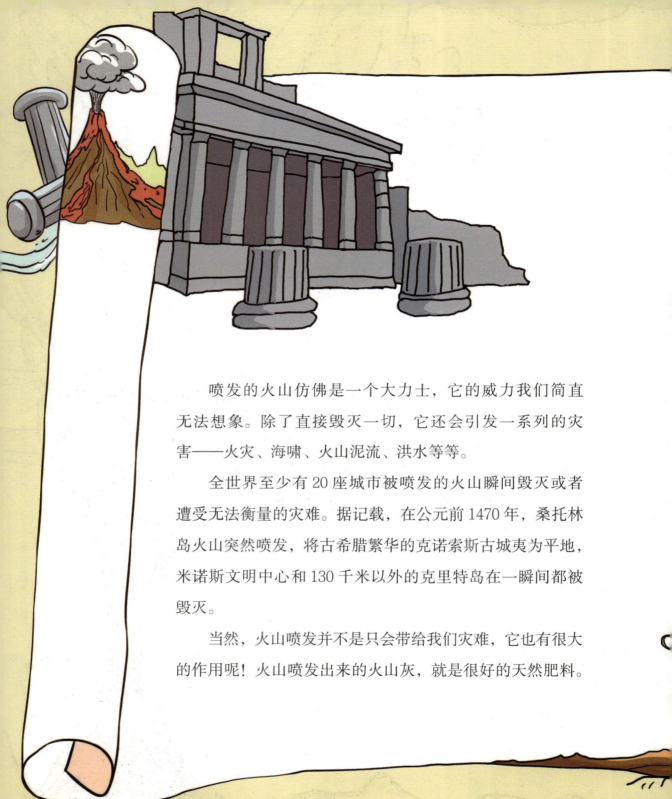

喷发的火山仿佛是一个大力士，它的威力我们简直无法想象。除了直接毁灭一切，它还会引发一系列的灾害——火灾、海啸、火山泥流、洪水等等。

全世界至少有20座城市被喷发的火山瞬间毁灭或者遭受无法衡量的灾难。据记载，在公元前1470年，桑托林岛火山突然喷发，将古希腊繁华的克诺索斯古城夷为平地，米诺斯文明中心和130千米以外的克里特岛在一瞬间都被毁灭。

当然，火山喷发并不是只会带给我们灾难，它也有很大的作用呢！火山喷发出来的火山灰，就是很好的天然肥料。

火山灰中含有很丰富的养分，可以使土地更肥沃。日本富士山周围的桑树长得特别好，有利于蚕的生长；维苏威火山所在的地方能种出很多味道甜美的葡萄；美国的夏威夷还因为火山喷发的景象奇特而成了著名的旅游胜地呢！

除此之外，那些原来熔化、分散在岩浆岩当中的矿物质，会随着岩浆的冷却凝固而按次序逐渐地分层，重的会沉到底部，轻的会浮在上面。

不同种类的侵入岩，还会控制着特定的内生矿床。像钨、锡、水晶、金绿宝石就要到花岗岩或它的附近去找，玛瑙等非金属也会在火山岩里产生。

我家住在维苏威火山旁，看，这就是我家种出的葡萄！

火山真的会造就奇观吗?

火山喷发给整个世界带来了沉重的灾难,所以很多想去看火山喷发的人都望而却步了。但喷发不猛烈的火山不但对人类没有威胁,还会成为有趣的景点呢!

每2~3分钟喷发一次的斯特朗博得火山因为在夜间喷发时,山顶会闪耀出一片红光,所以享有"地中海灯塔"的美名。

在火山喷发时,有时还会产生一种奇特现象,如美国阿拉斯加的"万烟谷"。那里是世界闻名的地热集中地,在2千平方千米的范围内,曾经有数万个天然蒸汽和热水的喷孔。

俄罗斯堪察加半岛上有一个大约 8 平方千米的山谷，被当地人称为"死亡谷"。无论什么动物，只要进入谷中必死无疑。就连天空中飞翔的老鹰经过此谷，也常常难逃坠入谷中的厄运。

你千万不要以为这个谷中有什么吃人的妖怪。原来，这个谷的周围都是火山，谷底含有大量的硫，很多都裸露在地面上，加上这里有一个三面峭壁环抱、一面是热泉冲出缺口的小洼地，从地下溢出的热气含有大量的二氧化硫、甲烷、硫化氢等有毒气体，很难散发出去，在谷里越聚越多，所以进入谷底的人和动物都纷纷中毒身亡，人们就把这里叫作"死亡谷"。我国腾冲火山区沙坡村的"扯雀塘"和曲石的"醉鸟井"的形成原因都与此类似。

海中也有火山吗？

火山不仅仅会出现在陆地上，海里也是有火山的。海底火山，当然是位于海底的火山了，更准确地说，是指那些在浅海和大洋底部形成的各种火山。海底火山跟陆地上的火山一样，也包括死火山和活火山。

但是，海底火山与陆地火山不同的是，陆地上的火山活动主要集中在板块的边界处，而海底火山大多都分布于大洋中间的脊梁处和大洋边缘的岛弧处，当然，板块内部也会有一些火山活动。

科学家根据海底火山在地理分布、岩性和成因上的显著差异，把海底火山分成三类：

一是边缘火山。它们沿着大洋边缘的板块冲到边界分布，于是形成了一条弧形的火山链。它是岛弧的主要组成单元，通常与深海沟、地震带及重力异常带伴生，它们就像是好伙伴一般。

二是洋脊火山。海底火山与火山岛顺着中脊走向成串出现，打个比方，它们的形状就像是海底的一串串项链。

三是洋盆火山。这种火山分布在深海底，包括平顶海山和孤立的大洋岛等，属于大洋板块内部的火山。

海水会不会把喷发的海底火山扑灭？

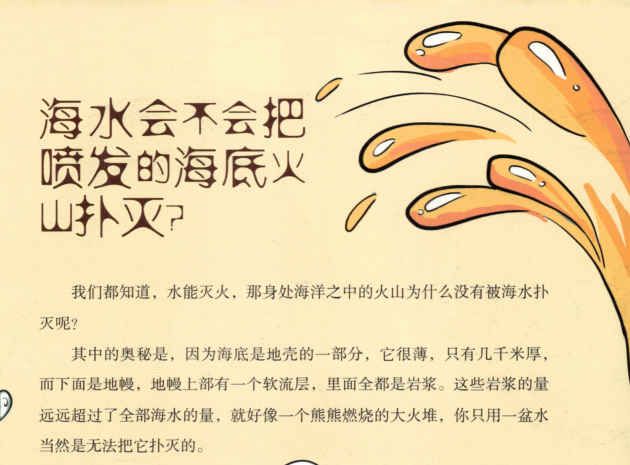

我们都知道，水能灭火，那身处海洋之中的火山为什么没有被海水扑灭呢？

其中的奥秘是，因为海底是地壳的一部分，它很薄，只有几千米厚，而下面是地幔，地幔上部有一个软流层，里面全都是岩浆。这些岩浆的量远远超过了全部海水的量，就好像一个熊熊燃烧的大火堆，你只用一盆水当然是无法把它扑灭的。

而且，地壳压在地幔上，对下面的岩浆产生很大的压力。任何火山的岩浆，都是在压力的作用下由下往上喷出或者被挤出来的，这种压力不是海水能阻挡得了的。就比如损坏了的消防栓一样，虽然它的破口只有碗口粗细，但水柱能冲到两层楼那么高，如果你贸然地去堵那个破口，一定会被水柱冲得东倒西歪。

所以，虽然我们都觉得海水的力量已经很大，但是在火山面前，它还是小巫见大巫了。

火山喷发能不能被预测呢？

在记录中，全世界因为火山喷发而死亡的人数高达25万。直到现在，全世界还有500万人生活在火山的周围，而且这些火山随时都有喷发的危险。

火山的喷发是无规律的，所以准确预测它的喷发时间几乎是不可能的。

但是，火山喷发时，周围地面会发生强烈的震动，因此，科学家可以根据火山周围的地震频率、规模和变化来了解火山的状态，将火山喷发给人们造成的损害降到最低。

火山暂时不会喷发……

地震会催化火山喷发吗?

原来,地震和火山喷发之间也有着很大的联系。利用卫星搜集的数据,科学家发现,大部分的地震都可以催化火山的喷发。

2006年5月,印尼爪哇岛两座大型活火山喷发后的第三天,这个地区就发生了里氏6.4级的地震,而且这次火山活动共持续了9天。

美国夏威夷大学的安德鲁·哈里斯教授说:"在印尼爪哇岛两座火山喷发期间,我们根据采集的数据可以清晰地看到地震能使火山释放出更多的能量,例如热能等,而且我们还发现火山喷出的火山灰和熔岩等比平时要多,而且温度更高。"

科学家整理了印尼火山喷发的相关数据,并分析了整个地震前后的 35 天里火山活动的变化情况,如地表和熔岩的温度。他们认为地下的地震波就像水泵一样,把地下的岩石全部都熔化后再把岩浆抽到地表,导致火山喷发。

通过观测和研究,科学家认为地震和火山喷发之间有着密切的联系,所以,他们建议,在地震发生后的一段时间里,要密切注意在地震周围的火山的活动情况。

月球上也有火山吗？

大家肯定听过"嫦娥奔月"的故事，那月球上会不会也有火山呢？如果有的话，嫦娥在那里安全吗？其实，嫦娥奔月只是一个民间传说，而且，月球上也不会有桂树和玉兔。用大型望远镜我们可以看见：月球表面有很多的环形山。

20世纪60年代，人类登上月球以后，带回来很多月球上的土壤和岩石标本，其中就有火山喷出的岩浆冷却后凝固成的岩石。所以，科学家们推断，月球上曾经是有过火山活动的。而且，月球表面上的那些环形山，其实就是月球形成固体外壳之后，无数陨石曾经到访的痕迹。月球还出现过几次火山喷发，可是后来，这些火山就长久地沉默了。

是月球啊！

什么是火山口?

你们肯定都见过井吧!和井口类似,火山口就是火山喷发时的出口。它位于火山的顶部,是一个圆形的洼地,形状就像一只碗,所以,火山口在希腊文中就是"碗"的意思。这个比喻还不是最恰当的,其实它更像是一个漏斗。因为这个"漏斗"上有一个长长的通道和地下的岩浆相连,当火山喷发的时候,岩浆就从这里冲了出来。

火山湖

就像碗的深度各有不同一样，火山口的深浅也是不一样的，最深的有二三百米。而这个"碗"的"碗口"直径一般在一千米以内，它底部的圆的直径仅仅比下面的火山通道大一点点。

有些火山喷发后没多久就停止活动了，没有堆成锥形的山，所以，火山口看起来不过是平地上的坑，最后还常常积水成湖。

在平地的火山口积水成湖不仅常见，也是我们可以想象得到的。可是，山顶的火山口也能积水成湖，是不是就很奇怪了呢？我国长白山天池就是这种湖中的一个，它靠天上降下来的雨雪来维持湖中始终有水的状态。

还有一些火山口中的水是从岩浆中分离出来的,里面含有很多种矿物质,所以会呈现出多种颜色,看起来十分美丽。印度尼西亚的弗洛勒斯岛克里穆图火山顶上,就有3个水色各不相同的湖。它们都是火山口。虽然现在火山没有喷发,但是其中两个湖底下的喷气孔还在喷出火山气体。喷出的物质中含硫较多的,湖水就呈现为绿色;含铁比较多的,湖水就成了红褐色;另一个是清水,表现为蓝色。

火山口怎么还有"地下森林"呢?

什么,森林不是只出现在地面上的吗,火山地下还能出现森林?不要觉得奇怪,这片地下森林又称"火山口原始森林",它就在我国的黑龙江省牡丹江市镜泊湖西北约50千米的地方。这片森林坐落在张广才岭东南坡的深山内,海拔1000米左右,和镜泊湖区共同被列为国家级的自然保护区。

根据科学家考察才知道,大约一万年前,这里发生过火山喷发,然后经过了几千年的发展变化,就形成了低陷的奇特罕见的"地下森林"。这里的火山口一共有10个,由东北向西南,分布在长40千米、宽5千米的狭长形地带上。它们的直径在400米至550米之间,深在100米至200米之间。

地下森林中有很多丰富的植物资源,有红松、黄花落叶松、紫椴、水曲柳、黄波椤等名贵的木材,有人参、黄芪、三七、五味子等名贵的药材,还有木耳、榛蘑、蕨菜等名贵的山珍。我们生活中很多东西,也都来自地下森林。

地下森林中不仅植物资源很丰富,动物资源也很丰富。当游人漫步在森林中时,常常可以看见森林间有鸟

儿飞行、蛇儿爬行、兔儿跳行、鼠儿穿行，一片生机盎然的景象。

据科学家的考察，这里不仅有上面这些小动物出入，而且有马鹿、野猪、黑熊等大型动物出没，甚至还有罕见的国家保护动物斑羚、东北虎，这个"地下森林"可以说是一个"地下动物园"。

关于地下森林的形成原因，也是众说不一，至今还很难有定论，但是有一种说法比较有说服力。这种说法认为，火山口的内壁岩石，经过长期的风化侵蚀，与火山灰等物质一起变为肥沃的土壤，而叼着各种植物种子飞越火山口的群鸟，就成了天然的播种者。这样日久天长，火山口的内壁上就长满了树，最后形成了森林。由于它的环境比较特殊，所以它不仅成为美妙的风景区，而且成为中外地理学家、历史学家、生物学家理想的科研基地。

火山喷发也会带来好处吗?

火山喷发会产生很大危害,这一点毋庸置疑,一提到火山喷发,大家一定首先想到的就是爆炸、烟尘、滚滚洪流和四散逃离的人群。但是,你能想到吗,火山喷发其实也是可以带来一些益处的。

首先,它可以给人类创造土地资源。比如,风光秀美的美国夏威夷岛就是火山喷发形成的,夏威夷岛几乎每年都会有火山喷发,岩浆流到海边后凝固,就成了陆地。如果火山喷发剧烈,夏威夷岛一年甚至可以扩展几平方千米。

第二，火山能创造很多的自然景观。可以这么说，世界上很多知名的风景区都处于火山区，如美国的黄石国家公园、夏威夷岛，日本的富士山，以及我们国家的长白山、五大连池等。而且，你可能想不到，有火山的地区风景大多是很漂亮的。

第三，火山喷发可以给我们带来丰富的矿产资源。火山作用形成的矿产资源有很多，包括非金属资源和金属资源。像长白山产的浮石、火山灰和火山渣，都是很好的填充建筑材料，可以用来修高级机场、体育场等，有很多高级水泥也是用火山渣做原料的。它们直接装到编织袋里就可以卖，而且价格比面粉还贵呢。

　　火山喷出来的东西几乎都是有用的。你可能不会想到，还有很多的矿产跟火山喷发有密切的关系，像很多价值不菲的宝石就是火山喷发出来的，还有很多的矿产资源，包括金矿、铜矿都跟火山活动有关系。

　　除了这些，火山还可以带来很多地热资源，人们可以借助地热资源建设发电站和温泉疗养院等等。

为什么日本的火山那么多呢?

我们知道,太平洋是地球上火山活动最强烈的地区,分布着200多座火山。太平洋的面积接近地球表面积的1/3,它有许多深达8000米的洼地和海沟,最深的地方甚至接近11000米,这些海沟和洼地的地壳不到10000米,而地壳的平均厚度是35千米,正是这些原因,使得太平洋成为火山的集中地带。

日本列岛正好位于亚欧板块和太平洋板块的交界处，它和阿留申群岛、千岛群岛、菲律宾群岛以及美洲的西海岸组成了著名的太平洋"火山环"。由于地壳厚薄不一，变化悬殊，还伴有巨大的断裂，所以岩浆很容易沿着断裂带向上溢出，形成火山喷发。所以，日本就成了火山、地震活动十分频繁的地方。

你知道维苏威火山吗?

在意大利南部那不勒斯湾东海岸,有一座维苏威火山,它是全世界最著名的火山之一,也是欧洲大陆上一座非常危险的活火山。

维苏威火山在公元79年曾有一次大喷发,厚厚的火山灰埋葬了当时拥有2万多人口的庞贝古城,其他几个有名的海滨城市,如赫库兰尼姆、斯塔比奥等也遭到了严重破坏。直到18世纪中叶,考古学家才把庞贝古城从几米厚的火山灰

这就是被火山灰埋葬的庞贝古城。

中发掘出来。在这些遗迹中，古老建筑和姿态各异的"石化人"都保存完好，这种现象真叫世人称奇，也让现代人明白了这座古城灭亡的根本原因。如今，庞贝古城已成为意大利著名的旅游胜地。

维苏威火山在历史上喷发过很多次，它的形成是非洲板块和亚欧板块相互碰撞的结果。它最近的一次喷发发生在1944年，这也使它成为欧洲大陆唯一的一座在近一百年内喷发过的火山。到现在为止，游客们仍然能够在游览这座火山时看到火山口冒出的缕缕白烟。

1845年，人们在维苏威火山附近建立了一座古色古香的火山观测站。这是世界上最早建立的火山观测站。在一楼大厅里，有展板介绍有关火山的知识，三台触摸式电脑还可模拟显示火山的喷发过程。观测站的一楼和地下一层还建有火山博物馆，陈列着各种形状的火山弹、火山灰等火山喷发物。玻璃柜中还展示着从庞贝古城遗址中挖掘出来的"石化人"，尽管已看不清他们的面貌，但他们的样子却栩栩如生，还保持着死于当时火山喷发时的姿势。

意大利的火山喷发多，民众的防灾意识也较强，其中维苏威火山观测站就起到了很好的宣传作用。它在周末时会免费对公众开放，每年都有十万多人来参观。

夏威夷火山是什么样子的?

一提到夏威夷,人们首先想到的就是那个景色秀美、风光旖旎的度假胜地。夏威夷群岛位于海天一色、浩瀚无际的太平洋中北部。

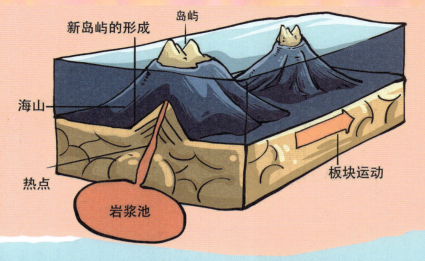

　　夏威夷群岛包括132个岛，是一个典型的火山群岛，直到现在，这些火山仍有活动。从地质学的角度看，夏威夷的火山喷出来的是流动性比较大的，含有丰富的镁、铁成分的基性熔岩。它的喷发活动虽然比较频繁，却属于文静型的，既没有强烈的爆炸，也没有大量的喷发物，可以用来观赏和考察。美国在夏威夷火山设立了国家公园，现在它是人们游览的胜地。

　　大家知道夏威夷群岛都是火山岛，是由火山喷发喷出的岩浆堆积形成的，并且早已有科学家推测，它们都诞生在同一个地方，也就是说它们由同一个火山源的喷发而成，只是随着板块的运动，呈现为长长一列岛屿而已。现在夏威夷群岛的最大岛屿就是最新形成的岛屿，周边那些小岛屿一般是古老的岛屿。

　　岛屿的大小与许多因素有关。首先与岩浆的喷出量有重要关系，喷出的岩浆越多，形成的岛屿就越大。其次，岛屿的大小还与岛屿形成的时间长短有关，岛屿形成的时间越短，岛屿一般就越大。因为夏威夷群岛各个岛屿的岩浆喷出量是不同的，各个岛屿形成的时间也不同，所以这些岛屿的形状、大小相差很大。

科学家是怎么推算出古代火山喷发的时间的?

你一定很奇怪,发生在古代的火山喷发,科学家是如何推算出它发生的时间的呢?

其实,科学家有他们的"独门秘技"。一是通过火山灰覆盖的程度,推算出古代火山喷发的年代。如果是靠近两极的火山喷发,那么通过凝结在冰雪中的火山灰和冰层里的氧同位素测定,也可以推测出火山喷发的年代。

当然,科学家们最常用的还是利用碳-14的放射衰减规律来检测火山口附近被烧焦的树木植被。用这个方法,可以检测200万年前至4万年前这段时间的火山喷发的年份。因为被烧毁的树木几乎就是纯碳,所以用碳-14年代测定法检测就再理想不过了。

你知道圣海伦斯火山吗?

在美国华盛顿州有一座圣海伦斯火山,它属科迪勒拉山系的喀斯喀特山脉,海拔2549米,处于环太平洋火山带上。

圣海伦斯火山大约在4万年前形成,在喀斯喀特山脉的众多火山当中,是一座相对年轻的火山。由于这座火山山顶布满积雪,形态匀称秀美,很像日本的富士山,因此也被称为"美国的富士山",从而吸引了很多的旅游爱好者。

圣海伦斯火山是一座活火山，在1857年发生过喷发，此后一直沉睡了123年。1980年5月18日，这个地区发生的里氏5.1级的地震又震醒了圣海伦斯火山，终于引起了它的再次喷发，改变了它原有的面貌。

1980年，圣海伦斯火山喷发时，它释放出来的能量相当于500多枚投在广岛的原子弹的能量。当火山喷发时，它被掀掉了近400米的山顶，62平方千米的山谷被崩塌的碎屑所填充，650平方千米的度假村、木材场和私人住地全部被横向冲击波所破坏，沿途的一切荡然无存。由于这次喷发，它的高度也相较喷发前的2950米降低了。但令人庆幸的是，在这次火山喷发中只有少数人伤亡。

阿苏山和火山也有关系吗？

阿苏山是日本著名的活火山，也是世界上拥有最大破火山口的活火山。它位于九州岛熊本县东北部，是熊本的象征。这里有世界最大的活火山口，而且作为具有大型的破火山口的复式火山而闻名于世。

阿苏山活火山有点像椭圆形，南北长 24 千米，东西宽 18 千米，面积达 250 平方千米。它的破火山口是一个巨碗形的火山凹地，标志着原火山

火山口光秃秃的，四周却长了那么多植物！

口的所在，这个区域内有活火山和许多温泉。约5万年前，阿苏火山群结束了猛烈的喷发后，火山熔岩覆盖了整个区域，经过多年的侵蚀冲刷，形成了全世界最大的火山洼地。在那么多的层状火山和火山锥中，只有中岳的火山仍有活动。

在日本，第一次有文字记载的火山喷发是在中岳，喷发时间是553年。从那以后，中岳火山又喷发了167次。中岳火山口直径为600米，深度为130米，滚烫的熔岩温度高达1000℃，非常炙热，火山口周围寸草不生，与周边高原一片葱绿形成了强烈的对比。

你知道还有一种泥火山吗?

如果你以为只有火山才会喷发,那就大错特错了,其实,还有一种会喷发的"山"既没有火,也没有岩浆,这就是我要给你们介绍的泥火山。

泥火山,顾名思义就是由泥构成的火山。说是泥,是因为它的的确确是由黏土、岩屑、盐粉等泥土构成的;说是火山,却又不是通常意义上的火山,通常所说的火山最基本的特征是由岩浆形成的,并具有岩浆通道,而泥火山是由泥浆形成的,不具有岩浆通道。不过,泥火山不仅形状像火山,具有喷出口,还有喷发冒火现象。

泥也能形成火山吗?

在中国新疆乌苏天山山脉的前山丘陵地带,就活跃着差不多 40 座泥火山,这也是中国规模最大的泥火山群。

这个泥火山群距乌苏市南的白杨沟镇约 2.5 千米,泥火山群海拔 1281 米左右。正在活动喷发的泥火山看起来是一眼眼泥泉、一口口泥潭,它们多呈圆形,其中最大的火山口直径有 4 米,最小的却只有蚕豆般大小,零星地分布在方圆约 0.5 平方千米的山坡和谷地里。泥浆沿着地壳裂口上涌,冲破地表岩层,喷薄而出,泉潭中的泥浆表面还会不时咕嘟咕嘟地冒泡,犹如大地在沸腾,形成了全世界都罕见的泥火山景观。

快看,泥浆在冒泡呢!

根据专家的研究，乌苏的泥火山群大约在 100 万年以前就已经形成了。这个泥火山群的四周是形态各异的喷发口，有的已经干涸，留下干涸的泥盆，而那些还在喷发的泥火山，泥浆散发出带有臭味的气体，有的可以被点燃。有人蘸着泥浆放在舌尖上，能尝到微微发咸的味道。人们没有想到的是那滚滚翻腾的泥浆温度却很低，把手放进去会感到冰凉，质感滑润，因此，也有人把泥火山称为"凉火山"。

泥火山的喷发过程和形态与真正的火山很相似，只是没有那么猛烈，更没有高温的熔岩。由于附近水源充足，地下水补给丰富，喷发物黏度较低，有的泥火山甚至连一个完整的泥火山锥都没有形成，而是流溢开来，只形成一个泥火山塘。

有时泥火山喷出口沿地表的断层或裂隙呈串珠状分布，有的像深沟，有的似深井。翻滚的泥浆不断地从喷出口向周围流出，久而久之就干涸成泥丘了，形状就像是一般的火山锥，但规模要比火山锥小得多。通常泥火山锥体底座的直径只有几米到几十米，高度一般不超过10米。

那些干涸的泥火山能形成各种形态的地貌景观。在白杨沟,除了正在喷发的泥火山外,它的周围还有许多已经停止喷发的泥火山。它们形状各异,垄状、漏斗状……,千沟万壑,红、黄、橙、绿,色彩斑斓,表明在此之前有过很大规模的泥火山活动。

在中国,除了新疆,目前只有台湾的高雄和恒春一带发现有活动的泥火山。那里的泥火山不仅有典型的地貌形态,还有喷火的自然景观。全世界范围内泥火山也不多见,比较著名的泥火山位于伊朗的马克兰、罗马尼亚的布扎,最大的泥火山分布在阿塞拜疆的巴库,美国的黄石公园也以泥火山闻名天下。

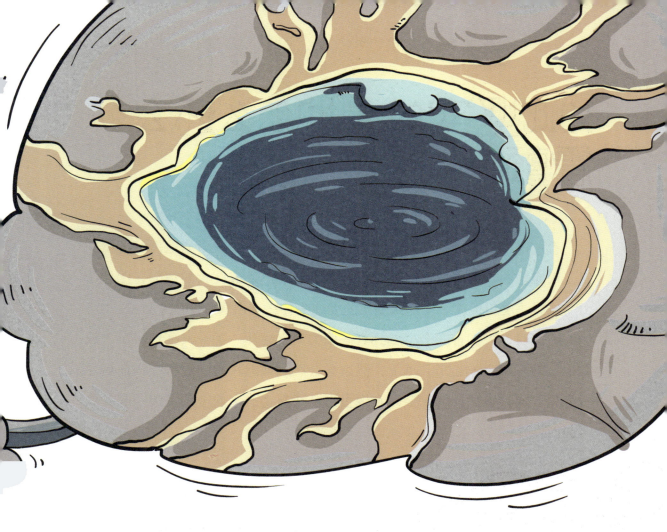

没有岩浆的泥火山同样也可能给我们带来灾难。2007年4月14日，在印度尼西亚东爪哇诗都阿佐地区，大量房屋就被泥火山喷出的泥浆所淹没。同样在这个地方，2006年5月，当地一起石油钻探事故导致泥火山喷发，喷出的泥浆淹没了周围的公路、铁路和工厂，并造成1.5万人流离失所。

所以，千万不要小看了泥火山的威力！

泥火山喷发了！

如此坚实的大地怎么还会震颤呢？

看过电视新闻的你们肯定知道，强烈的地震会造成山崩地裂、房屋倒塌、水库垮塌、火车出轨……给人们的生命财产造成巨大的损失，比如唐山大地震、汶川地震……那么坚实的大地为什么会出现震颤呢？

地震时，人们首先会感觉到有一股力向上猛然一冲，又猛地一沉，放在地上的东西会弹起来又落下，然后又会感到如船在水中划行一样前后左右摇晃。这种感觉，就好像向水中投下一块石头，水面上的波浪一起一伏向四面传开一样。

　　1906年4月18日，美国旧金山发生了大地震，剧烈的震动持续了一分钟。这次地震不仅使旧金山市的建筑物遭到了破坏，而且市区部分马路也变成了波浪状。

　　所以我们可以看出，当地下发生地震时，积累在岩层里的部分能量是以波的形式传向四面八方的，科学家就把这种波叫作地震波。

　　在地球的内部，地震波是以纵波和横波两种形式向外传播的，而且这两种波还有点"怪癖"。它们在传播过程中如果遇到物理性质（如密度）不同的分界面，会像光一样发生反射和折射，而且传播速度也会发生变化。在弹性越强、密度越大的岩石里，它们跑得越快，是不是有点"欺硬怕软"的感觉呀？怪不得每次发生地震，地震波都能够轻易地通过厚厚的地层迅速传到地面。

什么是地震？

大地剧烈的震颤带给我们的危害真是难以估量，那究竟什么是地震呢？为什么会发生这种情况呢？我们来了解一下吧！其实，地震就是地球表层的快速震动，在古代，人们把地震称为地动。它是地球内部的一些介质发生急剧的破裂，产生地震波，从而在一定范围内引起地面震动的一种现象。它就像刮风、下雨和闪电一样，是地球上经常发生的一种自然现象。

我们知道，地球大致可分为三层：中心层是地核，外层是地壳，它们之间的那一层是地幔。地震一般发生在地壳之中，也就是地球的最外层。那是因为地壳内部一直在不停地变化，因此产生力的作用，使地壳岩层变形、断裂、错动，于是便发生了地震。

大地震动是地震最直观、最普遍的表现。而在海底或滨海地区也会发生强烈地震，还能引起巨大的波浪，就是我们经常听到的海啸。

其实，地震是一项极其频繁的地质活动，你可能想不到，全球每年都会发生大约500万次的地震，也就是说每天有差不多1.4万次的地震在发生，只不过绝大多数地震因为震级比较小，人们感觉不到而已。其中能被人们感觉到的地震约占1%，有5万多次，而能够造成破坏的地震有近千次，里氏7.0级以上造成巨大破坏的仅有十几次，而且大多发生在人烟稀少地区。

地震有哪些类型？

就像人生病，不是每次生病的原因都是一样的，每次发生地震的原因也是各有不同。所以，根据科学家的研究总结，地震的类型可分为三种：构造地震、火山地震和塌陷地震。

1. 构造地震：我们把由于地下深处岩层错动、破裂所造成的地震称为构造地震。这类地震发生的频率最高，破坏力也是最大的，占全世界地震的90%以上。2008年发生在我国四川省汶川县的地震就属于这类地震。

地裂了！

2.火山地震：我们把由于火山作用，如岩浆活动、气体爆炸等引起的地震称为火山地震。这类地震只占全世界地震的7%左右，只有在火山活动区才可能发生火山地震，对我们生活的影响是比较小的。

3.塌陷地震：我们把由于地下岩洞或矿井顶部塌陷而引起的地震称为塌陷地震。这类地震的规模都比较小，次数也很少，即使有也往往发生在溶洞密布的石灰岩地区或进行了大规模地下开采的矿区。

这些都是由自然活动造成的地震，除此之外，还可能有一些人为的地震，比如核试验等引起的地震等。

什么是震源?

源,就是源头的意思,震源也就是指地震的源头,或者说地震波发源的地方。

震源在地面上的垂直投影,也就是震源正上方的地面,这个地面上离震源最近的点被我们称为震中。它也是接受震动最早的地方。从震中到震源的深度叫作震源深度。根据震源深度,地震又可以分为三种:震源深度小于70千米的叫浅源地震,深度在70~300千米的叫中源地震,深度大于300千米的叫深源地震。对于同样大小的地震,由于震源深度不一样,对地面造成的破坏程度也是不一样的。一般来说震源越浅,破坏就越大,但波及范围就会越小。

通常,破坏性地震一般都是浅源地震。1976年的唐山大地震的震源深度只有约12千米,2008年的汶川地震也属于典型的浅源地震。2011年3月11日,日本东北部海域发生了里氏9.0级地震,这次地震的震源深度有约30千米,也是典型的浅源地震。

在破坏性地震中,震中所在的地区往往地面震动是最强烈的,我们把这个地方称为极震区。

某地与震中的距离叫震中距。震中距小于100千米的地震被称为地方震,在100~1000千米之间的地震称为近震,大于1000千米的地震被称为远震。其中,震中距越远的地方受到的影响和遭到的破坏也是越小的。

地震所引起的地面震动是一种十分复杂的运动，它是由纵波和横波共同作用的结果。在震中区，纵波使地面上下颠簸，而横波则使地面发生水平晃动。由于纵波传播速度较快，衰减也较快，横波传播速度较慢，衰减也较慢，因此，离震中较远的地方，也就是震中距较大的地方，往往感觉不到上下跳动，但能感觉到水平晃动。

如果某地发生了一场较大的地震，在一段时间内，一般会发生一系列的地震，其中最大的一次地震叫作主震，主震之前发生的地震叫前震，主震之后发生的地震叫余震。

什么是震级？

爱玩游戏的你们肯定知道，几乎无论什么游戏，都是分等级的，而且在每个级别你们所要释放的能量和所能收获的东西也都是不一样的。不要不相信，地震也是如此。

震级是指地震的大小，通俗地说就是地震强弱的一个量度，是以地震仪测定的每次地震活动释放的能量多少来确定的。震级通常用字母 M 表示。我国目前使用的震级标准，是国际上通用的里氏分级表，从小到大共分为 9 个等级。通常小于里氏 2.5 级的地震我们叫它小地震，小地震是一般人们感觉不到的；里氏 2.5～里氏 4.7 级的地震叫有感地震，我们能感觉到这个震级的地震，但是它一般不会造成破坏；里氏 4.7 级以上的地震，往往会造成破坏，

因此我们把它称为破坏性地震。

震级每相差一级，能量相差大约 30 倍；如果每相差两级，能量就相差了约 900 倍。比方说，一次里氏 6.0 级地震释放的能量相当于美国投掷在日本广岛的原子弹爆发所释放的能量，那么一次里氏 7.0 级的地震则相当于 32 次里氏 6.0 级地震，或相当于约 1000 次里氏 5.0 级地震。

所以，科学家们根据震级的大小，把地震划分为几类：

弱震，震级小于里氏 3.0 级。

有感地震，震级大于或等于里氏 3.0 级，小于或等于里氏 4.5 级。

中强震，震级大于里氏 4.5 级，小于里氏 6.0 级。

强震，震级大于或等于里氏 6.0 级。其中震级大于或等于里氏 8.0 级的地震又被称为巨大地震。

什么是P波和S波？

P波和S波是什么东西呢？这当然是与地震相关的两个名词啦！地震波主要有两种，一种是表面波，一种是实体波。表面波只在地表传播，而实体波能穿越地球内部。

在地球内部传递的波，也就是实体波，又被科学家们分成了P波和S波两种。

P波：P是主要（primary）或增压（pressure）的意思。它是一种纵波，粒子振动方向和波前进的方向是平行的。P波在固体、液体或气体中都能传播。在所有地震波中，它的传播速度是最快的，也是最早抵达的。

S波：S就是次要（secondary）或剪切力（shear）的意思。它是一种横波，前进的速度比P波要稍微慢一些，粒子振动的方向垂直于波的传播方向。但是S波只能在固体中传播，它无法穿过液态的外地核。

因为P波和S波的传播速度不同，我们利用这一点，可以对发生的地震进行简单的地震定位。

什么是烈度?

地震居然还有烈度?到底是怎么一回事?同样大小的地震,它所造成的破坏有可能是不一样的;而同一次地震,在不同的地方造成的破坏也可能不一样。所以,为了衡量地震的破坏程度,科学家又制定了一把"尺子"——就是我们所说的地震烈度。影响烈度的因素有震级、震源深度、距震源的远近、地面状况和地层构造等等。

什么是地震的烈度啊?

一般来说，烈度和震源、震级之间有着密切的关系，震级越大，震源越浅，烈度也会越大。一次地震发生后，震中区遭到的破坏最重，烈度最高，这个烈度我们称之为震中烈度。从震中向四周扩展，地震烈度会逐渐减小。所以，一次地震只有一个震级，但它所造成的破坏，在不同的地区是不同的。所以，一次地震可以划分出好几个烈度不同的地区。这就和一颗炸弹爆炸，距离不同，遭受破坏的程度不同是一个道理。炸弹的炸药量，就好比是震级；炸弹对不同距离的破坏程度，就好比是烈度。

1990年2月10日，我国江苏省太仓市发生了里氏5.1级地震，有人说在苏州是里氏4.0级，在无锡是里氏3.0级，这个说法就是错误的。正确的说法应该是太仓发生了里氏5.1级地震，在苏州地震烈度是4度，在无锡地震烈度是3度。在中国地震烈度表上，对人的感觉、一般房屋震害程度和其他现象作了描述，也可以作为确定烈度的基本依据。

世界各国所使用的地震烈度表是不同的。西方国家比较常用的是改进后的麦加利烈度表，简称M. M. 烈度表，这种表将烈度分12个等级。而日本将无感定为0度，有感则分为Ⅰ至Ⅶ度，共8个等级。俄罗斯和中国都是按12个烈度等级制定烈度表的。

为什么地震后还会出现余震呢?

前面我们说过,在一场地震发生时,根据时间的前后,我们可以把它分为主震、前震和余震。而余震就是指在主震之后接连发生的小地震。余震发生地点一般在与主震的发生地点相同。通常情况下,一次主震发生后,紧跟着有一系列的余震,它的强度一般都比主震小。余震的持续时间是不一样的,有的可能是几天,有的甚至是几个月。

美国地球物理学家认为,余震的发生主要是由于受到地震引起的"动态"地震波的冲击,并非地震引发的断层附近的地壳活动。

余震的出现是在大震之后,它的能量虽然说不足为患,但多次余震也会造成灾害。余震就好像人说话的回声,虽然能量不及前面的主震强,但威力叠加起来,经过多次的打击,建筑物就有可能会承受不住而倒塌。

2011年4月7日,日本发生了里氏7.1级的强烈余震,造成2人死亡和132人受伤。

板块构造和地震有什么关系呢?

无论是前面说到的火山喷发,还是我们随时有可能遇到的地震,这些自然灾害的发生,其实都是地球板块惹的祸。

地球是由六大板块组成的,它们分别是亚欧板块、非洲板块、美洲板块、太平洋板块、印度洋板块和南极洲板块。正是这六大板块使得世界形成了两大火山地震带:一个是环太平洋地震带;另一个是地中海-喜马拉雅山地震带。

科学家们研究发现,火山喷发和地震的发生的原因有一个共同点,它们与板块的交界处有关。科学家们认为,板块

交界处的地壳非常脆弱,活动也很频繁,所以在板块交界处就会经常发生地震、火山喷发现象。

日本就处在亚欧板块、太平洋板块、美洲板块的交界处,所以,日本经常发生地震也就不是一件奇怪的事情了。

地震时会发生什么?

地震是地球上主要的自然灾害之一。地球上每天都在发生地震,只不过大多数地震的震级比较小或发生在海底等一些偏远的地方,不容易让人们感觉到。但是发生在人类活动区的强烈地震,就会给我们人类造成巨大的财产损失和人员伤亡。

里氏 3.0 级以下的地震释放的能量是很小的,对建筑物不会造成明显的损害。但是人们对里氏 4.0 级以上的地震就会有明显的感觉。在防震性能比较差且人口又集中的区域,里氏 5.0 级以上的地震就有可能造成人员伤亡了。

当地震发生时，它所引起的破坏通常有以下几种：地震产生的地震波可以直接导致建筑物的破坏，甚至倒塌；破坏地面，使地面产生裂缝、塌陷等等；如果在山区发生地震还可能会引起山体滑坡、雪崩；而发生在海底的强地震可能引起海啸。这些都是主震带来的影响，余震的次数增多还会使破坏更加严重。

如果死亡人员尸体没有及时被清理，或一些脏物污染了饮用水，就有可能导致传染病的暴发。所以，在有些地震中，这些附加灾害造成的人员伤亡和财产损失，很可能超过地震时带来的直接破坏。

地震的后果真可怕啊！

地震来临前都有什么征兆呢？

前面我们已经知道了，当火山快要喷发时，会有一些非同寻常的征兆，地震也是一样的。在地震发生之前，震区附近会出现一些反常的现象。通过这些不寻常的征兆，能让我们在一定程度上减少地震带来的人员伤亡和经济损失。那么，地震前都有哪些非同寻常的现象出现呢？

在自然界里,很多动物对地震的感觉往往比人类要敏感得多。在大地震发生之前,家畜家禽和野生动物都会有不同程度的异常反应。它们有的情绪躁动、惊慌不安,有的高飞乱跳、狂奔乱叫,有的会萎靡不振、迟迟不进窝等。根据科学家们的统计,地震前有一定反常表现的动物有130多种,其中反应普遍且比较确切的有20多种,常见的有:

大牲畜,如马、驴、骡、牛等;

家畜,如狗、猫、猪、羊、兔等;

家禽,如鸡、鸭、鹅、鸽子等;

穴居动物,如鼠、蛇、黄鼠狼等;

水生动物,如鱼类、泥鳅等;

会飞的昆虫,如蜜蜂、蜻蜓等。

根据观察，人们还总结出了这样的经验：震前动物有预兆，抗震防灾要搞好。牛羊驴马不进圈，老鼠搬家往外逃；鸡飞上树猪拱圈，鸭不下水狗狂叫；兔子竖耳蹦又撞，鸽子惊飞不回巢；冬眠长蛇早出洞，鱼儿惊惶水面跳。家家户户要观察，综合异常做预报。

除了动物会出现异常之外，在地震前几小时到几分钟内还会出现地光，但它只能持续几秒钟的时间，所以很难被人们察觉到。地光的颜色是多种多样的，主要是以红、白为主，形状也是各不相同，有带状、球状、柱状等。

  在地震发生前，会出现井水发浑、冒泡、翻花、变色、变味、陡涨陡落、水温增高，泉水突然枯竭或超常涌出等现象。地震前地下还会发出奇怪的隆隆声，那声音犹如炮响雷鸣，随着地震的临近会越来越响。在气象方面也会出现反常的骤冷骤热，一些电子仪器甚至会失常，比如我们经常使用的闹钟会失灵等。

　　1990年10月20日,甘肃省天祝、景泰发生里氏6.2级地震前,就出现了较大范围的异常现象。如地震区成群结队的狗跑到山顶上朝天狂叫;大量老鼠惊恐不安,在村里乱跑;鸡飞上树不进窝,有的地方还发现冬眠的蛇爬出洞外。同时,在地震前,震区还有人发现地光和地下发出声音的现象,以及井水水位突然下降或上升,泉水水流量剧增的情况。虽然这些异常的现象在震区有很多人发现过,而且分布范围也比较广,但是由于人们对地震知识了解得太少而没有引起重视。

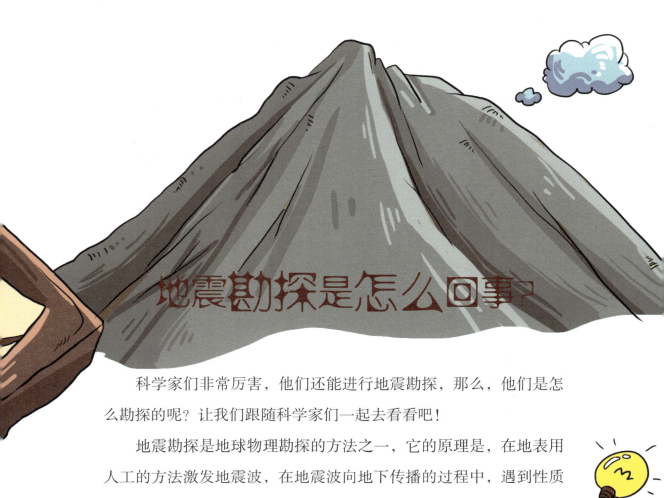

地震勘探是怎么回事?

科学家们非常厉害,他们还能进行地震勘探,那么,他们是怎么勘探的呢?让我们跟随科学家们一起去看看吧!

地震勘探是地球物理勘探的方法之一,它的原理是,在地表用人工的方法激发地震波,在地震波向地下传播的过程中,遇到性质

不同的岩层分界面时,地震波就会发生反射与折射,在地表或井中用检波器接收这种地震波,并分析所得到记录的特点,通过仪器处理或专门计算,就能较准确地测定界面的深度和形态,判断地层岩石的性质,勘探含油气体的构造、煤田、岩盐和煤层的金属矿床以及解决水文工程地质等方面的问题。

地震勘探在分层的详细程度和勘查的精度上,比其他的地球物理勘探方法都要好。地震勘探的深度范围一般从几十米到几千米。

地震勘探开始于19世纪中期。1845年,R.马利特曾用人工方法激发的地震波来测量弹性波在地壳中的传播速度。这可

以说是地震勘探方法的萌芽。在第一次世界大战期间，交战双方都曾利用重炮后坐力产生的地震波来确定对方的炮位。

反射法地震勘探最早起源于 1913 年前后 R. 费森登的研究，但当时的技术还不能达到能够实际应用的水平。1921 年，J.C. 卡彻将反射法地震勘探投入实际应用，在美国俄克拉何马州首次记录到人工方法激发的地震波产生的清晰的反射波。1930 年，通过反射法地震勘探工作，在美国俄克拉何马州发现了 3 个油田。从此，反射法地震勘探进入了工业应用的阶段。

地震勘探是钻探前勘测石油与天然气资源的重要手段。在煤田和工程地质勘查、区域地质研究和地壳研究等方面，地震勘探也得到了广泛的应用。20 世纪 80 年代以来，对某些类型的金属矿的勘查也有选择性地采用了地震勘探方法。

地震来临时如何自救?

地震是一种自然灾害,我们不能阻止它的发生,但是我们必须了解一些自救的方法,这样即使遇到了地震,我们也能及时地逃生,减少伤害。那么,面对突如其来的地震,我们该如何自救呢?

1. 地震来临时,首先头脑要保持冷静,不要惊慌失措地乱跑,要立刻寻找可以躲避的空间,如三角空间、桌子下面等,千万不能躲在玻璃窗

等一些易倒易碎的物体下面。同时，要保持下蹲的姿势，脸尽量朝下，用手抱住头。

2. 如果地震发生时你在户外，一定要远离建筑物、电线杆等，也不要去人多的地方，以免拥挤而无法及时逃离。如果是从室内向外逃跑，千万不能坐电梯。

3. 地震发生时，站立不稳时应立即蹲下或趴下，不要去扶任何建筑物，这时候，它们是最不可靠的。

4. 地震发生后还要保持警惕，因为可能会再发生余震，所以要远离那些因为地震而摇摇欲坠的物体。

总之，发生地震时，我们一定要就近躲避，震后要迅速撤离到安全的地方。

如何做到就近躲避呢？那就要根据不同的情况采取不同的措施了。

在学校

在学校中，地震时最需要的是学校领导和教师的冷静与果断。平时，要安排好学生转移、撤离的路线和场地；一旦发生地震，要沉着地指挥学生有秩序地撤离。在比较坚固、安全的房屋里，可以让学生们躲避在课桌下、讲台旁，教学楼内的学生可以到空间小、有管道支撑的房间里，决不可让学生们乱跑或跳楼。

街上

地震时，如果你还在街上行走，那该如何避震呢？

地震发生时，高层建筑物的玻璃碎片和大楼外侧混凝土碎块

以及广告招牌马口铁板、霓虹灯架等可能掉下来，因此在街上走时，最好将身边的皮包或柔软的物品盖在头上，如果旁边没有东西，也可以用手护住头，尽可能做好自我防御的准备，要镇静，应该迅速离开电线杆和围墙，跑向比较开阔的地区躲避。

车间

车间工人可以躲在车、机床及较高大的设备下，不可惊慌乱跑，特殊岗位上的工人首先要关闭易燃易爆、有毒气体的阀门，及时降低高温、高压管道的温度和压力，关闭运转设备。大部分人员可撤离工作现场，在有安全防护的前提下，少部分人员应该留在现场随时监视危险情况，及时处理可能发生的意外事件。

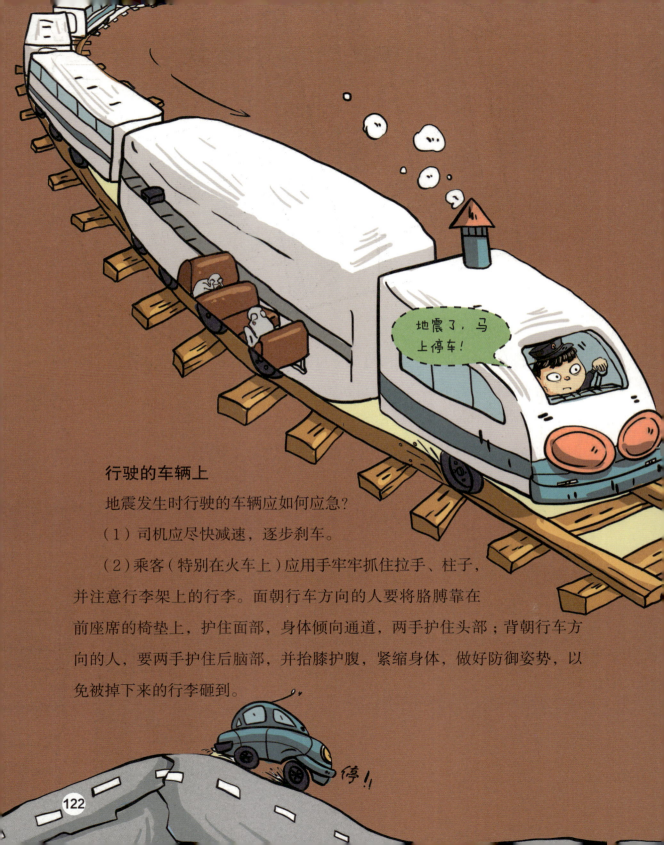

行驶的车辆上

地震发生时行驶的车辆应如何应急?

(1) 司机应尽快减速,逐步刹车。

(2) 乘客(特别在火车上)应用手牢牢抓住拉手、柱子,并注意行李架上的行李。面朝行车方向的人要将胳膊靠在前座席的椅垫上,护住面部,身体倾向通道,两手护住头部;背朝行车方向的人,要两手护住后脑部,并抬膝护腹,紧缩身体,做好防御姿势,以免被掉下来的行李砸到。

楼房内

在楼房里的人员地震时该如何应急？

地震一旦发生，首先要保持清醒、冷静的头脑，及时判断震动状况，千万不可在慌乱中跳楼，这一点极为重要。其次，可躲避在坚实的家具下或墙角处，也可转移到承重墙较多、空间小的厨房、厕所去暂时地避一下。因为这些地方结合力强，尤其是管道经过处理，具有较好的支撑力，抗震系数比较大。总之，地震时可根据建筑物布局和室内状况，审时度势，寻找安全的空间和通道进行躲避，减少人员伤亡。

百货公司内

如果在百货公司遇到地震,由于人员慌乱、商品下落,可能使避难通道阻塞,此时应躲在近处的大柱子和大商品旁边(避开商品陈列橱),或找一个没有障碍的通道躲避,然后屈身蹲下,等待地震平息。如果是在楼上的位置,原则上向底层转移为好,但楼梯往往是建筑物抗震的薄弱部位,因此,要看准脱险的合适时机。服务员要组织群众就近躲避,震后安全撤离。

在自救时我们一定要遵循三大原则:

原则一:因地制宜,正确抉择。是住平房还是住楼房,地震发生在白天还是晚上,房子是不是坚固,室内有没有避震空间,你所处的位置离房门远近,室外是否开阔、安全。

原则二:行动果断,切忌犹豫。避震能否成功,就在千钧一发之际,决不能瞻前顾后,犹豫不决。如住平房避震时,要快速就近躲避,或紧急外出,切勿往返。

原则三：伏而待定，不可疾出。古人在《地震记》里曾记载："卒然闻变，不可疾出，伏而待定，纵有覆巢，可冀完卵"，意思就是说，发生地震时，不要急着跑出室外，而应抓紧求生时间寻找合适的避震场所，采取蹲下或坐下的方式，静待地震过去，这样即使房屋倒塌，人亦可安然无恙。

在地震中自救时，一定要了解不可不知的四大常识：

1. 大地震时不要急

破坏性地震从人感觉震动到建筑物被破坏平均只有12秒钟，在这短短的时间内你千万不要惊慌，应根据所处环境迅速做出保障安全的抉择。如果住的是平房，那么你可以迅速跑到门外。如果住的是楼房，千万不要跳楼，应立即切断电闸，关掉煤气，暂避到洗手间等跨度小的地方或是桌子、床铺等下面，震后迅速撤离，以防强余震。

2. 人多先找藏身处

在学校、商店、影剧院等人群聚集的场所如遇到地震，千万不要慌乱，应立即躲在课桌、椅子或坚固物品下面，待地震过后再有序地撤离。老师等现场工作人员必须冷静地指挥人们就近避震，决不可带头乱跑。

3. 远离危险区

如在街道上遇到地震，应用手护住头部，迅速远离楼房，到街心一带。如在郊外遇到地震，要注意远离山崖、陡坡、河岸及高压线等。正在行驶的汽车和火车要立即停车。

4. 被埋要保存体力

如果震后不幸被废墟埋压，要尽量保持冷静，设法自救。无法脱险时，要保存体力，尽力寻找水和食物，创造生存条件，耐心等待救援人员。

保持冷静　等待救援

防震自救儿歌

大地晃,桌椅摇,地震危险躲再逃。披着被子遮住头,蹲在床边把空留。

厨房里,远离火,卫生间站水管边。幼儿园,学校里,课桌底下找安全。

挨着窗户塌得快,玻璃碎了扎小手。大震小震有间隔,抓紧时间到门口。

抬头看看啥危险,不坐电梯下楼梯。小孩大人排成队,顺着右边有序走。

出了屋门找草坪,两楼中间莫停留。万一被压别慌张,保存力气不哭喊。

砖头敲墙一二三,等待救助要时间。

伤口流血要按压,掐在上头不松手。全身疼痛不乱动,头要抬高背要挺。

哼哼歌儿想爸妈,大手会把小手拉。

生命三角

流言

每次地震之后,一种名叫"生命三角救生法"的理论都会在网上广泛地传播。"生命三角理论"认为,地震来临时,应该迅速找个大型、沉重的物体,比如衣柜、沙发甚至可以是一沓堆高的报纸,卧倒在旁边;天花板砸下后,物体周边会形成狭小的三角空间,挽救你的生命。物体越大,越坚固,它被挤压的余地就越小。而物体被挤压的余地越小,这个空间就

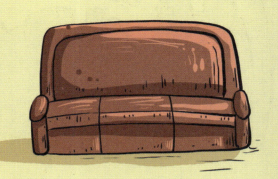

越大,如果在能形成三角形空间的位置躲藏,就能获得最大的存活机会。真是这样的吗?其实,这只是个流言,我们来看看真相到底是什么吧!

真相

"生命三角救生法"的倡导者是加拿大籍美国人道奇·库普(Doug Copp),这一理论从2004年起在网上

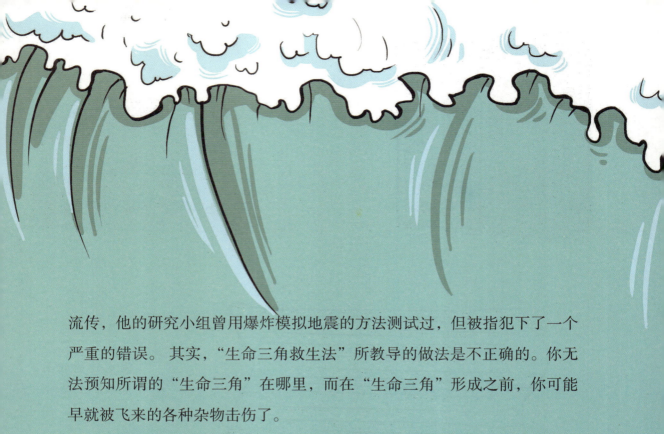

流传，他的研究小组曾用爆炸模拟地震的方法测试过，但被指犯下了一个严重的错误。其实，"生命三角救生法"所教导的做法是不正确的。你无法预知所谓的"生命三角"在哪里，而在"生命三角"形成之前，你可能早就被飞来的各种杂物击伤了。

所以，"生命三角救生法"是没有科学理论依据的。

地震的危害有哪些呢？

地震会给我们带来多少的危害呢？

1. 建筑物的破坏，如房屋倒塌、桥梁断落、水坝开裂、铁轨变形等等。

2. 地面破坏，如地面裂缝、塌陷等。

3. 山体等自然物的破坏，如山崩、滑坡等。

这些是地震给我们带来的直接的破坏，但是，这些灾害只是地震带来的危害的一部分，它还会导致海啸。海底地震引起的巨大海浪冲上海岸，会在沿海地区造成破坏。如发生在2011年3月11日的地震，它给日本福岛县等沿海地区造成了巨大的危害，这次地震并不是发生于日本的福岛县，而是发生在远离陆地的海底。

此外，在有些大地震中，还有地光烧伤人畜的现象。

地震不仅会导致直接灾害，还会引发次生灾害。有时，次生灾害所造成的伤亡和损失，比直接灾害还大。

地震引起的次生灾害主要有：

火灾，由地震后火源失控引起。1906年发生的美国旧金山大地震中，火灾引起的灾难就远远超过地震的直接破坏；1932年日本关东大地震中，直接因地震倒塌的房屋约1万幢，而地震时失火却烧毁了约70万幢房屋。

地震是怎样被预测的？

很久以前，日本本州岛东北部海岸附近出现了一群不速之客，那就是一些原本生活在深海的鱼。它们为什么要背井离乡浮上来呢？原来，这些家伙预感到海底将要爆发大地震，于是上来避难了。这是怎么回事呢？简单地说，地震来临之前，海水的震颤频率、声音传导方式……统统一反常态。许多海洋生物都能够准确无误地察觉到那些微妙的变化，只有人们被蒙在鼓里。

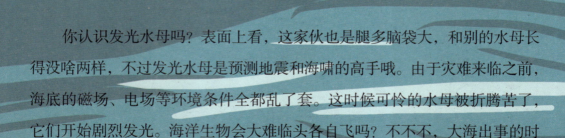

你认识发光水母吗？表面上看，这家伙也是腿多脑袋大，和别的水母长得没啥两样，不过发光水母是预测地震和海啸的高手哦。由于灾难来临之前，海底的磁场、电场等环境条件全都乱了套。这时候可怜的水母被折腾苦了，它们开始剧烈发光。海洋生物会大难临头各自飞吗？不不不，大海出事的时

候海洋生物往往会抱团渡难关。海藻、荧光珊瑚……大量会发光的海洋生物聚集在一起，强大的光柱或者光雾就会升出海面。每到这时，生活在海边的人也会收到动物朋友的警示，尽快撤离危险地带。

你知道古人是怎么预知地震的吗？早在中国东汉时期，大科学家张衡曾经造出了一种仪器。它的样子好像一颗硕大的鸡蛋立在了底座上，"鸡蛋"身上挂着八条龙，底座周边蹲着八只蟾蜍。没错，蟾蜍就是青蛙的"亲戚"。你看龙头全都朝下，各自嘴里还含着一颗珠子，蟾蜍则张着大嘴似乎在等好吃的。这是什么机器呀？它的名字叫地动仪。猜猜，蟾蜍究竟在期待什么？告诉你吧，蟾蜍想要得到"龙珠"，不过它们要是随了心，麻烦就大了！

其实那八条龙不是随便趴在地动仪上的，人家兄弟八个分别占据了：东、南、西、北、东南、东北、西南、西北八个地理方位。假设，东边那条龙突然松了口，接着吐出嘴里的铜球，咚的一声铜球掉进了蟾蜍的嘴里。糟糕，中国东部地区一定发生地震了！一千多年之后，西方国家也陆续造出了同类的设备，用来监测地震。

地动仪真管用吗？这么说吧，它的"第六感"超灵敏，能够敏锐地察觉地震波的颤动，然后通过体内的传动装置让龙珠脱落。遗憾的是，当年的地动仪已经不复存在了，如今展览着的地动仪是现代人依据古书记载仿制出来的。